자동차 버튼 기능 교과서

버튼 하나로 목숨을 살리는

마이클 지음

보누스

위치별 자동차 버튼

일러두기
- 주요 버튼의 기능과 위치 등은 현대자동차의 그랜저와 팰리세이드를 기준으로 설명했습니다.
- 이 책에서 소개한 버튼 기능과 세부 설정은 제조사와 차종에 따라 조금씩 차이가 있습니다.

| ▉ 운전석 핸들부 1 | ▉ 운전석 핸들부 2 | ▉ 운전석 중앙부 1 | ▉ 운전석 중앙부 2 | ▉ 기타 |

운전석 핸들부 1

① BSD ➡ 12쪽
② 운전석 자세 기억 버튼 ➡ 14쪽
③ 사이드미러 조절 버튼 ➡ 16쪽
④ 차일드 록 버튼 ➡ 18쪽
⑤ 전조등 각도 조절 버튼 ➡ 20쪽
⑥ 레오스탯 버튼 ➡ 22쪽
⑦ 차로 이탈 방지 보조 버튼 ➡ 24쪽
⑧ VDC OFF 버튼 ➡ 26쪽

⑨ 멀티펑션 스위치 ➡ 28쪽
⑩ 방향지시등 레버 ➡ 32쪽
⑪ 안개등 스위치 ➡ 34쪽
⑫ 주유구 위치 표시 ➡ 38쪽
⑬ 스티어링 휠 리모컨 ➡ 44쪽
⑭ 스티어링 휠 조절 레버 ➡ 36쪽
⑮ 후드 오픈 레버 ➡ 116쪽
⑯ 주유구 오픈 레버 ➡ 39쪽

운전석 핸들부 2

⑰ RPM 계기판 ➡ 46쪽
⑱ 크루즈 컨트롤 버튼 ➡ 50쪽
⑲ 와이퍼 레버 ➡ 54쪽
⑳ 와이퍼의 INT/AUTO 버튼 ➡ 58쪽
㉑ 스타트 버튼 ➡ 62쪽

운전석 중앙부 1

① 멀티미디어 조작 버튼 ➡ 66쪽

② 오토 버튼 ➡ 68쪽

③ 프런트 버튼 ➡ 70쪽

④ 리어 버튼 ➡ 72쪽

⑤ 공기 청정 모드 버튼 ➡ 78쪽

⑥ A/C 버튼 ➡ 74쪽

⑦ 싱크 버튼 ➡ 76쪽

⑧ 송풍 방향 조절 버튼 ➡ 80쪽

⑨ 자동차 내기 순환 버튼 ➡ 82쪽

⑩ 오토 스톱 오프 버튼 ➡ 84쪽

⑪ 오토 홀드 버튼 ➡ 86쪽

⑫ 핸들·시트 열선(통풍) 버튼 ➡ 88쪽

⑬ 경사로 저속 주행 버튼 ➡ 92쪽

⑭ PAS 버튼 ➡ 90쪽

⑮ SVM 버튼 ➡ 94쪽

16 스마트폰 무선 충전 거치대 ➡ 122쪽
17 드라이브 모드 버튼 ➡ 102쪽
18 주차 브레이크 ➡ 108쪽
19 시프트 록 릴리스 버튼 ➡ 96쪽
20 +/− 버튼 ➡ 98쪽

21 비상등 버튼 ➡ 112쪽
22 선루프 개폐 버튼 ➡ 124쪽
23 SOS 버튼 ➡ 79쪽

운전석 핸들부

운전석 중앙부

운전석 핸들부

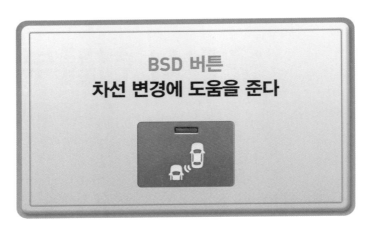

안전한 차선 변경을 원한다면

BSD(Blind Spot Detection) 버튼을 누릅니다. 차선 변경이 잦은 상황에서 안전운전을 하고 싶을 때 유용합니다. 이 버튼은 사각지대에서 물체가 감지되면 사이드미러에 표시를 해주거나 경보를 울리는 기능이 있습니다. 차선 변경이 잦은 상황에서 사용하면 좋습니다. 사각지대인 후측방에서 다른 차량이 접근하면 사이드미러에 표시합니다. 이때 차선 변경을 하려고 방향지시등을 켜면 경보까지 울려 사고 위험을 줄여줍니다.

BSD 버튼의 사용법

BSD 버튼을 한 번 누르면 불빛이 들어오면서 기능이 켜지고, 한 번 더 누르면 기능이 꺼집니다.

BSD 버튼의 작동 예시

BSD 버튼 켬

사이드 미러 표시
후측방 차량의 접근이 없을 경우

사이드 미러 표시
후측방 차량의 접근이 있을 경우

차선 변경 지원 / 후측방 접근 경보 시스템 개요

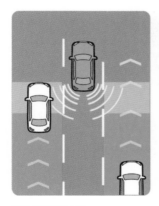

차선 변경 지원 LCA

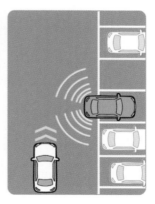

후측방 접근 경보 RCTA

TIP

최근 출시한 차종은 후측방 접근 경보 시스템을 탑재한 경우가 있습니다. 이 시스템은 후진 주차를 할 때 좌우 측에서 접근하는 차량을 감지해서 경고합니다.

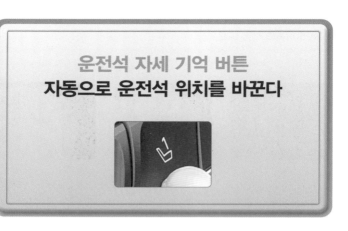

운전석 자세 기억 버튼
자동으로 운전석 위치를 바꾼다

운전 위치가 변해서 불편하다면

운전석 자세 기억 버튼을 이용합니다. 같은 차를 운전하는 운전자가 2명 이상이라면, 번갈아 탈 때마다 각자 체형에 맞게 운전 위치를 다시 세팅해야 해서 번거롭습니다.

이럴 때 각자가 세팅한 운전 위치를 저장해두고, 운전석 자세 기억 버튼 하나로 손쉽게 운전 위치를 바꾸면 됩니다. 이 버튼을 사용하면, 운전자가 사전에 설정한 운전 위치(시트와 사이드미러 등)를 자동으로 세팅할 수 있습니다.

운전석 자세 기억 버튼의 사용법

1. 내 체형에 맞게 시트·사이드미러·HUD(헤드업 디스플레이) 위치
   를 조절합니다.
2. SET 버튼을 누르면 삐 소리가 나며, 4초 이내에 1번 또는 2번 버
   튼을 눌러 위치를 저장합니다.
3. 시동을 켜고 변속레버를 P에 놓은 상태에서 자신이 운전 위치를
   저장한 버튼(1번 또는 2번)을 누르면 자동으로 저장된 위치가 세
   팅됩니다.

운전석 자세 기억 버튼으로 운전석 시트 위치·사이드미러 위치·
HUD 위치 등을 저장합니다.

사이드미러가 잘 보이지 않는다면

사이드미러 조절 버튼을 사용합니다. 이 버튼을 이용하면, 좌우 사이드미러의 각도를 상하좌우로 조절할 수 있습니다. 본인이 원하는 사이드미러의 각도를 찾아 조절하세요. 사이드미러는 후방과 측방 같은 사각지대를 보여주므로 안전운전에 필수입니다.

사이드미러 조절 버튼의 사용법

1. 사이드미러 조절 버튼 위에 있는 방향 레버를 먼저 조작합니다. 레버를 좌측(L)으로 옮기면 좌측 사이드미러, 우측(R)으로 옮기면

우측 사이드미러를 조절할 수 있습니다.

2. 방향 레버를 설정한 후, 사이드미러 조절 버튼을 이용해 상하좌우 최적의 각도를 맞춥니다.

사이드미러 조절 팁

① 상하 조절 : 하늘과 도로가 만나는 지평선 부근이 사이드미러의 정중앙에 오도록 상하 각도를 조절한다.

② 좌우 조절 : 내 차가 5분의 1에서 4분의 1 정도 보이도록 좌우 각도를 조절한다.

아이가 뒷문을 열까 봐 걱정된다면

차일드 록(child lock) 버튼을 누릅니다. 이 버튼은 차량 뒤쪽 문을
차 안에서 열지 못하게 합니다. 뒷좌석에 탑승한 아이들이 호기심이
나 실수로 차 문을 여는 일을 방지합니다.

차일드 록 버튼의 사용법

운전석 문에 있는 차일드 록 버
튼을 누릅니다. 이때 표시등이
켜지면 뒷좌석의 문과 창문을

차 안에서 열 수 없습니다. 해당 버튼이 없는 차종은 '수동 차일드 록 설정 방법'을 참고합니다.

수동 차일드 록 설정 방법

사진과 같이 뒷좌석 문 안쪽에 있는 구멍에 일자 드라이버를 넣어 화살표 방향으로 돌리면, 차일드 록 기능이 작동합니다. 차일드 록을 설정하면 뒷좌석에서 차 문을 열 수 없습니다.

 TIP 트렁크를 열고 매트를 들어보면 제조사에서 제공하는 일자 드라이버가 있습니다.

헤드라이트가 엉뚱한 곳을 비추고 있다면

전조등 각도 조절 버튼을 이용합니다. 탑승자의 무게나 차량 자세에
따라 차량 기울기가 달라지면, 헤드라이트가 원하는 곳을 비추지 않
는 경우가 있습니다. 이때 시야를 확보하고 피로감을 줄일 수 있도록
전조등 각도를 조절하면 좋습니다. 전조등 각도 조절 버튼을 사용하
면 전조등의 상하 각도를 조절할 수 있습니다. 이 버튼의 정식 명칭
은 헤드램프 레벨링 디바이스(전조등 조사각 조절 장치)입니다.

전조등 각도 조절 버튼의 사용법

레버를 위로 올리면 헤드램프 조사각이 올라가고, 아래로 내리면 조
사각이 내려갑니다.

상황에 따른 전조등 각도 조절의 예시

레벨 0

레벨 3

뒷좌석에 승객이나 짐이 없을 때

뒷좌석에 승객이나 짐이 있을 때

TIP 최근에는 차량 스스로 최적의 전조등 각도를 조절하는 오토 레벨링 시스템이 적용된 차종도 있습니다.

계기판과 버튼의 밝기가 너무 밝거나 어둡다면

레오스탯(rheostat) 버튼으로 자동차 계기판과 중앙 버튼부의 조명 밝기를 조절합니다. 야간 주행 시 실내조명이 너무 밝으면 눈부심으로 인해 전방 시야가 방해를 받고, 눈에 피로도가 올라갑니다. 이때 이 버튼을 이용해 실내조명 밝기를 최적으로 조절합니다.

레오스탯 버튼의 사용법

버튼 위쪽이나 오른쪽(+)을 누르면 밝아지고, 아래쪽이나 왼쪽(-)을 누르면 어두워집니다.

레오스탯 버튼을 누르는 모습

계기판의 현재 밝기가 표시된다.

TIP 야간에 실내조명이 과도할 경우 차량 내부의 모습이 반사되어 시야가 방해를 받을 수 있으니 적절한 밝기로 낮춰서 사용합니다.

장거리 주행으로 운전이 피곤하다면

차로 이탈 방지 보조 버튼을 누릅니다. 이 버튼은 '차로 이탈 방지 보조 시스템'을 작동시킵니다. 차로 이탈 방지 보조 시스템은 앞유리 상단에 부착한 카메라를 이용해 전방 차선을 인식하고, 핸들을 제어합니다. 운전자가 차선을 유지할 수 있도록 보조해주는 편의 장치입니다. LKA(Lane Keeping Assist)라고도 부릅니다. 차선이 잘 보이고, 장시간 직진 주행을 하는 고속도로에서 운전자의 피로도를 낮추려고 주로 사용합니다.

차로 이탈 방지 보조 버튼의 사용법

1. 차로 이탈 방지 보조 버튼을 누르면 계기판에 흰색 작동 표시등이 켜집니다.

2. 차량 속도가 60km/h 이상이고, 차로 이탈 방지 보조 시스템이 차선을 인식하면 흰색 작동 표시등이 녹색으로 변합니다. 이때 조향을 보조하는 상태가 됩니다.

앞유리 상단에 위치한 카메라가 차선을 감지한다.

TIP

차로 이탈 방지 보조 시스템이 작동 중일 때는 반드시 방향지시등을 켜고 차선 변경을 해야 합니다. 방향지시등 없이 차선을 변경할 경우, 스티어링 휠의 반발력이 생길 수 있습니다.

운전자가 누르지 말아야 버튼

차가 미끄러지는 듯한 모양의 이 버튼은 VDC OFF 버튼입니다. 이 버튼은 운전자가 평소에 절대 건드려서는 안 됩니다. 이 버튼을 누르면 자동차 자세를 제어하는 VDC(Vehicle Dynamic Control) 기능이 꺼지기 때문입니다.

VDC란 미끄러짐, 갑작스러운 방향 전환 등 운전자가 대처하기 힘든 상황에 차량이 개입해서 스스로 자세를 제어하는 장치입니다. 따라서 이 기능이 꺼지면 주행 안전성이 떨어집니다.

하지만 눈길이나 진흙 구덩이처럼 미끄러운 곳을 탈출해야 하는 상황에서는 VDC 기능을 꺼야 합니다. VDC가 구동력을 제한해서 빠져나오기가 어렵습니다. 구덩이에 빠지면 VDC를 끄고 탈출합니다.

VDC OFF 버튼의 사용법

1. VDC OFF 버튼을 약 3초간 꾹 누르면 구동력 제어 기능이 해제됩니다.

2. VDC OFF 버튼을 추가로 1회 누르면 구동력 제어 기능이 돌아옵니다.

VDC OFF 작동 시 뜨는 경고등 모양과 안내 문구

 TIP **VDC OFF 기능을 사용한 후에는 안전을 위해 VDC OFF 버튼을 다시 한번 눌러서 기능을 원상 복구합니다.**

멀티펑션 스위치
각종 헤드램프를 켜고 끈다

상향등 · 하향등 · 방향지시등을 켜고 끄고 싶다면

멀티펑션 스위치를 사용합니다. 이 스위치로 미등 · 하향등 · 상향
등 · 방향지시등을 제어합니다.

상향등(≣▶)

외진 길이나 산길처럼 주변에 차량이 없는 어두운 곳에서만 사용하
는 것이 좋습니다. 일반 도로에서는 조사각이 높고 너무 밝아 주변
차량의 시야를 방해합니다.

하향등(⧖◌)

야간 주행 시 기본적으로 켜야 하는 전조등입니다. 작동하면 빛이 아래쪽을 비추며 넓게 퍼집니다. 어두운 길을 가는 운전자라면 시야 확보를 위해 꼭 켜줍니다.

미등(⧖◌⧖)

가장 약한 빛을 내는 미등은 야간 주행이나 흐린 날에 본인 차량의 위치를 주변 차량에게 알리려고 씁니다.

오토 라이트(AUTO)

차량이 주변 밝기를 인식해 어두워지면 자동으로 하향등을 켜줍니다.

미등으로 설정된 상태

하향등으로 설정된 상태

하향등과 미등을 모두 켠 상태

멀티펑션 스위치의 사용 예시

상향등 고정
하향등 설정 상태에서 스위치를 계기판 쪽으로
밀기

상향등 점멸
하향등 설정 상태에서 스위치를 운전자 쪽으로
2~3회 당겨 올리기

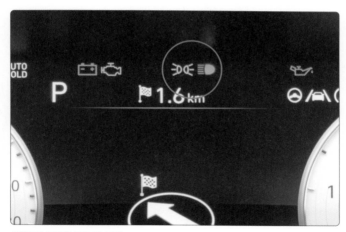

상향등과 미등을 모두 켠 상태

안전하게 차선 변경을 하고 싶다면

방향지시등(깜빡이)을 켭니다. 차선 변경이나 좌우 회전을 할 때 다른 차량에게 본인 차의 주행 방향을 미리 알리는 기능을 합니다. 안전하게 차선을 변경하려면 반드시 방향지시등을 사용합니다.

방향지시등 레버의 사용법

멀티펑션 스위치가 있는 레버를 이용해 방향지시등을 작동합니다. 레버를 위로 올리면 우측 방향지시등, 아래로 내리면 좌측 방향지시등이 켜집니다. 방향지시등은 핸들(스티어링 휠)이 돌아가는 방향으로 켠다고 생각합니다. 회전 교차로에 진입할 때 좌측 방향지시등을, 빠져나올 때 우측 방향지시등을 켜는 것이 원칙입니다.

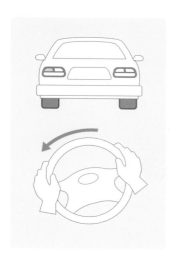
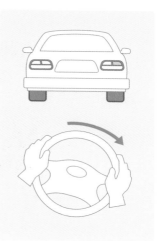

최근 출시한 차종에는 레버를 살짝만 올리거나 내려도 방향지시등을 3회에서 7회까지 작동시킬 수 있는 원터치 방향지시등 기능이 탑재됩니다.

안개등 스위치
악천후 때문에 흐린 시야를 밝힌다

악천후로 앞이 보이지 않는다면

안개등 스위치를 온(ON)으로 돌립니다. 이 스위치는 안개등을 켜는 기능이 있습니다. 안개가 짙거나 눈비가 심하게 오는 날에 전방 시야를 확보하려고, 또는 본인 차의 존재를 알리려고 안개등을 켭니다. 반드시 안개 낀 날이나 눈비가 심하게 오는 날에만 사용할 것을 추천합니다.

안개등 스위치의 사용법

여러 램프를 조작할 수 있는 멀티펑션 스위치나 운전석 좌측 하단부에서 켜고 끌 수 있습니다. 또한 전방 안개등과 후방 안개등을 따로 조작하는 차종도 있어, 한쪽만 켜져 있지는 않은지 표시등을 이용해

확인합니다.

계기판에 위와 같은 안개등 표시가 점등 되었다면 안개등이 켜져 있다는 것을 의미합니다. 초록색 표시는 전방, 노란색 표시는 후방 안개등을 의미합니다. 혹시라도 맑은 날에 안개등이 켜져 있다면 다른 운전자의 시야 확보를 위해 안개등을 끄기 바랍니다.

전방 안개등(왼쪽)과 후방 안개등(오른쪽)

TIP

안개등은 흐린 날에 효과적으로 시야 확보를 하려고 일반 전조등보다 빛 투과율이 높습니다. 따라서 맑은 날 야간에 안개등을 켜면, 다른 운전자에게 눈부심과 시야 방해를 유발해 사고로 이어질 수 있습니다.

스티어링 휠 조절 레버
운전자에게 맞는 핸들 높이를 맞춘다

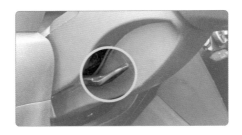

핸들 높낮이가 달라져 불편하다면

스티어링 휠(핸들) 조절 레버를 이용합니다. 스티어링 휠이 너무 멀거나 가까울 때, 낮거나 높을 때 등 최적의 스티어링 휠 위치를 찾아야 할 때 사용합니다. 이 레버를 이용해 알맞은 높낮이와 깊이를 조절할 수 있습니다.

스티어링 휠 조절 레버의 사용법

스티어링 휠의 좌측 하단에 있는 레버를 내린 상태에서 핸들을 앞뒤와 위아래로 조절해서 적당한 위치에 고정합니다. 그런 다음 레버를 다시 원상태로 되돌려주면 됩니다.

좌측 하단에 있는 조절 레버

레버를 내린 상태에서 스티어링 휠을 조절

TIP 최근 차종에는 전자식으로 조절할 수 있는 버튼이 있습니다. 이 덕분에 손가락 하나로 쉽게 조작할 수 있습니다.

본인 차의 주유구 위치가 헷갈린다면

연료 게이지 계기판에 있는 주유구 표시를 확인합니다. 주유구 옆에 있는 화살표 방향이 해당 차량의 주유구 위치를 나타냅니다.

주유소에 진입할 때 본인 차의 주유구 방향과 주유건 위치의 방향이 같아야 바로 주유를 할 수 있습니다. 평소 본인 차의 주유구 방향도 자주 헷갈리지만 렌터카나 공유 차량을 이용하는 경우라면 주유구 방향을 모를 수 있습니다. 이때 차에서 내려 확인할 필요 없이 간단하게 계기판을 보고 주유구 위치를 확인하면 됩니다.

주유구 표시의 활용

계기판 주유구 모양 옆에 있는 화살표(▶)가 가리키는 방향이 주유구가 있는 위치입니다.

◀ : 차체의 왼쪽   ▶ : 차체의 오른쪽

주유구 오픈 레버의 위치와 사용법

주유구 오픈 레버는 보통 운전석의 왼쪽 아래에 있습니다. 주유구를 열 때 사용합니다. 레버를 당기면 주유구가 열립니다. 레버가 없는 차종이라면 시동을 끄고 운전석 잠금장치를 해제합니다. 그러면 주유구 오른쪽을 눌러 열 수 있습니다.

주유할 때 '가득'을 선택하고 주유했는데 탁 소리를 내며 멈춘다면

주유건의 끝에는 연료를 감지하는 센서가 있어서 연료탱크에 기름이 가득 차면 스스로 연료 주입을 중단합니다. 따라서 휘발유의 경우, 주유건이 '탁' 소리를 내면 주유를 멈추는 것이 좋습니다. 하지만 경유는 거품이 많이 생기는 특성이 있어 '탁' 소리가 나더라도 완전히 채워진 게 아닐 수 있습니다. '탁' 소리가 나더라도 주유기를 '정량' 으로 맞춘 후, 주유 속도를 낮춰 천천히 추가로 주유합니다.

셀프 주유 후, 엔진 경고등이 들어왔다면

주유캡을 '딸깍' 소리가 나도록 잠그지 않은 상태에서 엔진을 작동하면 엔진 경고등이 점등될 수 있습니다. 주유구를 열어두면 연료 탱크에서 유증기가 발생해 대기 중으로 유해가스가 날아갑니다. 따라서 주유 직후 엔진 경고등이 점등되었다면, 주유캡을 '딸깍' 소리가 날 때까지 잠갔는지 확인합니다.

시트 조절 버튼
최적의 운전 자세를 찾아낸다

운전할 때 허리가 아프고 어깨가 뻐근하다면

시트 조절 버튼을 사용합니다. 이 버튼으로 시트 쿠션(앉는 부분)의 앞뒤, 높이 간격, 시트백(기대는 부분)의 기울기를 조절합니다. 허리 지지대의 돌출 정도도 조절할 수 있습니다.

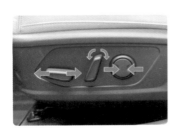

올바른 시트 조절 방법

3가지를 기억합니다. 먼저 등받이 각도는 90~100도 정도로 설정합니다. 이래야 장시간 운전에도 허리와 목에 무리가 가지 않으며, 사고가 났을 때 안전띠 사이로 몸이 빠져나가는 서브마린 현상도 방지할 수 있습니다.

두 번째, 시트와 운전석 사이의 앞뒤 간격은 브레이크 페달을 깊게 밟았을 때 무릎이 살짝 구부러지는 정도로 유지하는 것이 좋습니다. 긴급 상황에서도 원활히 브레이크를 조작할 수 있으며, 사고가 날 때 무릎이 펴져 있다면 충격이 그대로 흡수되어 좋지 않습니다.

세 번째, 핸들(스티어링 휠)은 3시와 9시 방향 부근을 양손으로 잡습니다. 한 손 운전은 긴급 상황에 대처하기가 어려우니 안전을 위해 양손으로 잡습니다. 팔꿈치는 45도 정도로 구부려서 충격을 흡수할 수 있는 상태를 유지합니다. 팔 간격을 맞추려면 스티어링 휠 조절 레버를 이용합니다.(36쪽 참고)

등받이 각도

앞뒤 간격 조절

핸들 바르게 잡기

오디오·라디오 볼륨 조작을 간편하게 하고 싶다면

스티어링 휠(핸들)에 있는 오디오 리모컨을 작동합니다. 각 버튼의
기능은 다음과 같습니다.

1. 음성인식(🎙) : 음성인식 버튼을 누르면 음성인식 상태로 전환되어
   음성으로 멀티미디어 기능을 명령할 수 있습니다
2. MODE : 해당 버튼을 눌러 라디오, USB, DMB 등의 모드를 선택
   할 수 있습니다
3. 볼륨 조절/음소거(＋ － 🔇) : 스크롤을 위로 올리면 볼륨이 커지고,
   아래로 내리면 작아집니다. 음소거 버튼을 누르면 소리가 나지 않
   습니다.

4. **탐색(∧∨)** : 짧게 누르면 FM/AM, DMB 모드에서 미리 저장된
   방송 채널을 순차적으로 변경합니다. 길게 누르면 방송 주파수 및
   채널이 자동으로 검색됩니다.

5. **통화(📞)** : 블루투스로 연결된 핸드폰의 통화를 수신하거나 종료
   합니다.

차의 엔진 상태가 궁금하다면

계기판에 있는 RPM 수치를 확인합니다. 이 수치는 1분에 엔진이 얼마나 회전하는지를 뜻합니다. 즉, 엔진의 회전 속도입니다. 예를 들어 RPM이 2,500이라면 '엔진이 1분에 2,500번 돌고 있구나.'라고 이해하면 됩니다.

RPM은 엔진 상태를 파악할 수 있는 중요한 지표입니다. 아래와 같은 현상이 확인되면 엔진 점검이 필요합니다.

1. 시동을 걸었을 때 RPM이 1,000 이하로 떨어지지 않고 계속 높은 상태다.
2. 정상적으로 달리는데 RPM이 갑자기 높아진다.
3. 액셀을 밟아도 RPM이 올라가지 않는다.

RPM 계기판의 사용법

RPM이 높을수록(엔진이 많이 회전할수록) 연료 소모량이 많아집니다. 휘발유 차량 기준으로 RPM을 2,000~2,500 사이로 유지할 때 최적 연비로 주행할 수 있습니다.

TIP 1 연비를 높이려면 급출발과 급정거는 안 하는 게 좋습니다. 급출발이나 급정거는 엔진에 준비 시간을 주지 않고 엔진 회전수를 급격하게 높이거나 낮추기 때문에 연료 소모가 20~30% 정도 더 늘어납니다.

TIP 2 연비 운전은 도로의 차량 흐름을 파악하면서 해야 합니다. 도로 합류, 차선 변경 등 차량이 속도를 내야 할 때에는 가속페달을 적절하게 밟아줍니다.

대개 휘발유 차량은 RPM을 2,000~2,500으로 유지할 때 연비가 가장 좋습니다. 하지만 이렇게 말해서는 초보자는 물론이요 꽤 많은 운전자도 어떻게 해야 할지 몰라 당혹감만 느낍니다. 연비를 경제적으로 유지할 수 있는 속도 구간이 있습니다. 이를 알아두고 연료비를 아끼는 데 활용하면 됩니다.

일반적인 경우를 말하자면 (일반 도로 주행 시) 승용차는 60~80km/h로 주행할 때 연비가 좋습니다. 배기량 2,000cc 미만은 60km/h, 2,000cc 이상은 70km/h, 3,000cc 이상은 80km/h입니다. 탄성 주행 또는 관성 주행이라는 주행법을 활용하기도 합니다. 보통 RPM이 2,000 이상이 됐을 때, 가속페달에서 발을 떼도 차량은 관성 덕분에 계속 달립니다. 이를 이용하면 자연스레 연료를 아낄 수 있습니다.

레드존이란?

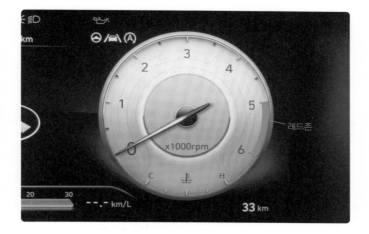

레드존은 자동차 엔진의 권장 RPM 한계 구간입니다. 내구성이 유지될 수 있는 최대 RPM 구간으로, 최근 차량은 가속페달을 아무리 세게 밟아도 레드존을 넘기지 않도록 설계되어 있습니다.

크루즈 컨트롤 버튼
일정한 속도로 고속도로를 달린다

고속도로 주행이 피곤하다면

크루즈 컨트롤 버튼을 눌러 '크루즈' 기능을 작동해봅니다. 고속도로
에서 정속으로 주행하려면, 계속해서 가속페달을 밟아야 합니다. 이
때문에 운전자 대부분은 피로를 호소합니다. 이때 크루즈 기능으로
원하는 속도를 세팅하면, 가속페달을 밟지 않아도 자동차가 알아서
일정한 속도로 주행합니다. CRUISE, RES+, SET-, CANCEL이 크루
즈 기능 관련 버튼입니다.

크루즈 컨트롤 버튼의 사용법

1. CRUISE 버튼을 누릅니다. (차량 속도 30~180km/h 범위 내에서만 사용 가능)

2. 원하는 속도까지 가속페달을 밟은 후 SET- 쪽으로 레버를 내립니다.

3. 계기판에 크루즈 설정 표시등(SET)이 켜지면 차량이 설정한 속도를 유지합니다.

4. RES+ 쪽으로 레버를 짧게 올릴 때마다 2km/h씩 속도가 증가하며, SET- 쪽으로 레버를 짧게 내릴 때마다 2km/h씩 속도가 감소합니다.

 크루즈 컨트롤이 작동한 상태에서 일시적으로 속도를 올리려면, 가속 페달을 밟으면 됩니다. 이러면 설정 속도에 영향을 주지 않고 일시적으로 속도를 올릴 수 있습니다.

 최근 출시한 차종은 앞차와의 거리를 파악해 스스로 크루즈 컨트롤 속도를 조절하는 스마트 크루즈 컨트롤 옵션이 있습니다.

1. CRUISE 버튼을 누른다.

2. 원하는 속도에서 SET- 쪽으로 레버를 내린다.

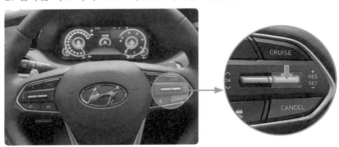

3. 설정 속도를 올리려면 RES+ 쪽으로 레버를 올린다.

4. 설정 속도를 내리려면 SET- 쪽으로 레버를 내린다.

스마트 크루즈 컨트롤의 차간거리 제어

이 기능을 이용하면 차량이 센서로 전방 차량을 감지하고, 가속·브레이크 페달을 밟지 않아도 전방 차량과 일정한 속도와 간격을 유지합니다. 아래 사진 속 버튼을 누를 때마다 차간거리가 변경되며, 이 정보는 계기판에 표시됩니다.

와이퍼 레버
워셔액을 내뿜고 와이퍼를 움직인다

차량의 유리창이 더럽거나 빗물로 보이지 않는다면

와이퍼 레버를 사용합니다. 이 레버를 이용하면, 빗물이나 오염물을 제거하는 와이퍼를 작동하거나 워셔액을 내뿜도록 합니다.

와이퍼는 앞유리나 뒷유리의 비나 눈을 걷어내 시야를 확보하려고 사용합니다. 앞유리나 뒷유리에 먼지나 오물이 묻었을 때 워셔액으로 닦습니다. 세제 성분을 포함한 워셔액을 이용하면 수월하게 오물을 제거할 수 있습니다.

와이퍼 레버의 사용법

1. 앞유리 와이퍼 : 와이퍼 레버를 아래로 내리면 와이퍼가 작동합니다. 단계를 더 올릴수록 와이퍼 작동 속도가 빨라집니다.
2. 앞유리 워셔액 : 와이퍼 레버를 몸 쪽으로 잡아당기면 워셔액이 분사되면서 와이퍼가 3~4회 작동합니다.
3. 뒷유리 와이퍼 : 와이퍼 레버의 끝에 달린 스위치를 OFF에서 LO 또는 HI로 돌리면 뒷유리 와이퍼가 작동합니다. LO는 낮은 속도, HI는 높은 속도를 뜻합니다.
4. 뒷유리 워셔액 : 와이퍼 레버의 끝에 달린 스위치를 앞유리 쪽으로 밀면 워셔액이 분사되면서 와이퍼가 3~4회 작동합니다.

＊뒷유리 와이퍼(워셔액)는 해치백 또는 SUV 차량에 주로 있는 옵션입니다.

앞유리 와이퍼와 워셔액의 사용 예시

PULL	레버를 몸 쪽으로 잡아당기면 워셔액 분사
MIST	레버를 위쪽으로 살짝 올리면 와이퍼 1회 작동
	＊비가 많이 오지 않고 물방울이 맺히는 정도의 상황에서 사용
INT	와이퍼 작동 속도를 손쉽게 조절할 수 있는 기능
	＊와이퍼 INT/AUTO 버튼 참고
LO	와이퍼 작동 속도 천천히
HI	와이퍼 작동 속도 빠르게

LO
뒷유리 와이퍼 작동 속도 천천히

HI
뒷유리 와이퍼 작동 속도 빠르게

PUSH
와이퍼 레버를 앞으로 밀면 뒷유리
워셔액을 분사

TIP

초간단 와이퍼 교체법

① 와이퍼암을 세워줍니다.

② 와이퍼 잠금장치를 열어줍니다.

③ 와이퍼 잠금장치에 걸려 있던 고리를 빼주면 쉽게 분리할 수 있습니다.

*주의 : 와이퍼를 제거한 후에는 자칫 와이퍼암이 빠르게 낙하해서 앞유리를 깨트릴 수 있기 때문에 와이퍼암을 조심스럽게 다시 내립니다. 와이퍼암 끝이 유리와 맞닿는 부분에 헝겊을 덮대어 유리를 보호하면 좋습니다.

와이퍼 작동 속도를 올리거나 낮추고 싶다면

와이퍼 레버에 있는 INT/AUTO 버튼을 이용합니다. INT는 Intermittent(간헐적인)의 약자로 와이퍼를 일정 간격으로 작동시키는 기능을 말합니다. 만약 INT 대신 AUTO라고 쓰여 있다면 오토(AUTO) 와이퍼 사양이 적용된 차종입니다. 앞유리에 '빗물 감지 센서'가 적용되어 차량이 알아서 와이퍼의 속도를 조절합니다. 다음과 같은 상황에 INT/AUTO 버튼을 씁니다.

1. 와이퍼 속도가 HI는 너무 빠르고, LO는 너무 느려 최적의 속도를 맞추고 싶을 때

2. 내리는 비의 양에 맞춰 와이퍼 속도를 간편하게 조절하고 싶을 때
3. 차량 스스로 와이퍼 속도를 조절하도록 설정하고 싶을 때(오토 와이퍼 사양)

TIP 비가 왔거나 유리창에 이물질이 묻은 상황이 아니라면 와이퍼 조절 레버를 반드시 오프(OFF) 위치에 놓는 것을 권장합니다. 실수로 오토 와이퍼를 설정해놓고 자동 세차기에 들어가면 차량은 비가 온다고 파악해 와이퍼를 작동시킵니다. 이때 세차 기계가 와이퍼를 파손할 수 있습니다.

1. 와이퍼 조절 레버의 위치를 INT(AUTO)에 맞춥니다.
2. 중앙의 와이퍼 속도 조절 노브를 이용해 와이퍼 작동 간격을 조절합니다.
3. 아래로 내릴수록 천천히, 위로 올릴수록 빠르게 작동합니다.

오토 와이퍼의 빗물 감지 센서의 위치

빗물 감지 센서

스타트 버튼
자동차 시동을 끄고 켠다

ENGINE
START
STOP

자동차 시동을 걸거나 끄고 싶다면

스타트 버튼을 누릅니다. 차량의 다양한 전원과 시동을 켜고 끌 수 있습니다. 그런데 시동뿐만 아니라 다른 기능도 있습니다.

1. 시동을 끄거나 켤 때
2. ACC(액세서리 전원), ON(차량 전원) 상태로 전환할 때
3. 스마트키 배터리 방전 시 임시로 시동을 켤 때
4. 비상시 주행 중 시동을 끌 필요가 있을 때

스타트 버튼의 사용법

1. 시동을 끄거나 켤 때 : 변속레버를 P(주차) 위치에 두고 브레이크를 밟은 상태에서 스타트 버튼을 누르면 시동이 켜지거나 꺼집니다.

2. ACC(액세서리 전원) : 스타트 버튼이 오프(OFF)인 상태에서 브레이크를 밟지 않고 스타트 버튼을 누릅니다. 일부 전기 장치를 사용할 수 있습니다.

3. ON(차량 전원) : ACC 상태에서 브레이크를 밟지 않고 스타트 버튼을 누릅니다. 시동 전 경고등을 점검할 수 있습니다.

4. 스마트키 배터리 방전 시 임시로 시동을 켤 때 : 스마트키로 직접 스타트 버튼을 누르면 시동이 켜집니다.

5. 비상시 주행 중 시동을 끌 필요가 있을 때 : 스타트 버튼을 2초 이상 길게 누르거나 3초 이내에 3회 누르면 시동이 꺼지면서 ACC 상태로 전환됩니다.

 TIP 1   ACC, ON 상태가 지속하면 차량 방전의 위험이 있습니다.

 TIP 2   스마트키 방전 시 대처 방법은 120쪽을 참고합니다.

운전석 중앙부

멀티미디어 조작 버튼
오토 버튼
프런트 버튼
리어 버튼
A/C 버튼
싱크 버튼
공기 청정 모드 버튼
SOS 버튼
송풍 방향 조절 버튼
자동차 내기 순환 버튼
오토 스톱 오프 버튼
오토 홀드 버튼
핸들·시트 열선(통풍) 버튼
PAS 버튼
경사로 저속 주행 버튼
SVM 버튼
시프트 록 릴리스 버튼
+/− 버튼
드라이브 모드 버튼
타이어 모빌리티 키트
주차 브레이크
비상등 버튼
헤드레스트 분리 레버
후드 오픈 레버
스마트키
스마트폰 무선 충전 거치대
선루프 개폐 버튼

차 안에서 라디오·오디오를 듣거나 내비게이션을 사용하고 싶다면

멀티미디어 조작 버튼을 누릅니다. 라디오 채널 조정, 블루투스 음악 감상, 내비게이션 설정 등 멀티미디어 관련 설정을 할 수 있습니다.

1. 오디오 on/off, 볼륨 다이얼 : 다이얼을 눌러 오디오를 켜거나 끄고, 다이얼을 돌려 볼륨을 조절할 수 있습니다.
2. MAP : 디스플레이 화면에 지도 화면을 표시합니다.
3. NAV : 디스플레이 화면에 내비게이션 설정 화면(통합 검색, 최근 검색 등)을 표시합니다.
4. ☆ : 사용자가 설정한 즐겨찾기 기능 화면을 표시합니다.
5. SEEK TRACK : 짧게 누르면 FM/AM, DMB 모드에서 미리 저장

한 방송을 순차적으로 변경합니다. 길게 누르면 방송 주파수 및 채널이 자동으로 검색됩니다.

6. RADIO : 라디오 모드로 바뀝니다.

7. MEDIA : 미디어 설정 모드로 바뀝니다.

8. SETUP : 디스플레이 화면에 설정 화면을 표시합니다.

9. 탐색/선택 다이얼 : 라디오 주파수를 미세 조정하거나 미디어 파일 또는 디스플레이 화면의 메뉴를 선택할 수 있습니다.

자동으로 차량 실내의 기온을 조절하고 싶다면

오토(AUTO) 버튼을 누릅니다. 이 버튼은 차량이 자동으로 실내 공기의 컨디션을 제어하는 기능을 작동시킵니다. 운전자가 설정한 목표 온도뿐 아니라 습도와 바람 세기, 풍향 조절까지 차량 스스로 제어합니다. 따라서 본인 차량에 오토 옵션이 있다면 에어컨이나 히터를 사용할 때 항상 사용하는 것이 좋습니다.

오토 버튼의 사용법

원하는 온도를 설정하고, 오토 버튼을 누르기만 하면 됩니다.

오토 버튼의 원리

오토 기능이 활성화된 자동차는 목표 온도 유지를 위해 여러가지 센서로 실내외의 환경 정보를 취합합니다.

그중 하나가 외부 일사량을 감지하는 '일사량 센서'로 보통 오토 기능이 있는 차량의 크래시패드 상단에 있습니다.

일사량 센서가 일사량을 감지해 자동으로 차 안의 온도를 조절합니다. 따라서 제대로 오토 기능을 사용하려면, 일사량 센서 위에 불필요한 물건이 올려져 있지 않도록 주의해야 합니다.

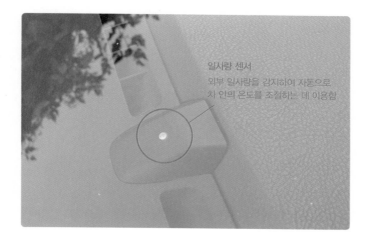

일사량 센서
외부 일사량을 감지하여 자동으로
차 안의 온도를 조절하는 데 이용함

TIP 차량에 듀얼 에어컨 기능이 있다면, 운전석과 조수석의 온도를 각각 따로 조절할 수 있습니다. 이 차에는 오토 버튼 외에 'SYNC'라고 적힌 버튼이 있습니다. SYNC 버튼을 누르면 운전석과 조수석의 공조 장치 설정이 똑같아집니다. 즉 운전석과 조수석의 에어컨 온도 설정이 서로 같아집니다.(76쪽 참고)

앞유리에 습기가 찬다면

프런트(FRONT) 버튼을 누릅니다. 이 버튼을 누르면 앞유리에 서린
김과 습기가 사라집니다. 장마철 또는 겨울철에는 차량 내외부의 온
도에 차이가 있어서 앞유리에 습기나 김이 서립니다. 이때 매우 유용
한 기능입니다.

프런트 버튼의 사용법

1. 풍량 조절 다이얼을 돌려서 원하는 풍량을 설정합니다. (빠르게 제
   거하고 싶다면 풍량을 최대치로 설정)
2. 온도 조절 다이얼을 돌려서 원하는 온도를 설정합니다.
3. 차량 중앙 버튼부 또는 센터 콘솔부에 있는 프런트 버튼을 눌러줍

니다. 인디케이터에 불빛이 들어오면 온(ON), 한 번 더 눌러 불빛이 꺼지면 오프(OFF) 상태가 됩니다.

프런트 버튼이 작동하면 앞유리를 향해 바람이 나갑니다.

 프런트 버튼을 누르면 앞유리 쪽으로 공조기 바람이 송풍되며, 동시에 제습 역할을 하는 컴프레서(A/C 버튼)가 작동합니다. 원활한 제습을 위해 차종에 따라 외기 모드로 자동 설정되기도 합니다.

 매우 습한 날씨에 에어컨을 작동시키고, 그 상태에서 장시간 앞유리 습기 제거 모드로 주행하면 내외부 온도가 차이 나면서 바깥 유리에 습기가 발생할 수 있습니다. 이 경우에는 와이퍼로 습기를 제거하면서 송풍 방향을 앞유리가 아닌 운전자 쪽이나 발밑 쪽으로 변경합니다. 습기 발생을 방지할 수 있습니다.

사이드미러와 뒷유리에 습기가 찬다면

리어(REAR) 버튼을 누릅니다. 겨울철에 뒷유리가 얼어 시야를 방해 받거나 장마철에 김이 사이드미러에 서려 난감할 때, 리어 버튼을 사용합니다. 이 버튼을 누르면 뒷유리와 사이드미러에 있는 열선이 작동해서 김 서림과 결빙을 제거할 수 있습니다.

리어 버튼의 사용법

차량 중앙 버튼부 또는 센터 콘솔부에 있는 리어 버튼을 눌러줍니다. 인디케이터에 불빛이 들어오면 온(ON), 한 번 더 눌러 불빛이 꺼지면 오프(OFF) 상태가 됩니다.

리어 버튼이 켜진 상태   리어 버튼이 꺼진 상태

뒷유리 열선

 TIP 1 리어 버튼은 프런트 버튼과 작동 방식이 다릅니다. 프런트 버튼은 앞 유리가 있는 방향으로 바람을 보내 습기를 제거하고, 리어 버튼은 열 선을 켜서 습기를 제거합니다.

여름철 무더운 날씨에 지쳤다면

A/C 버튼을 누릅니다. A/C는 Air Conditioning의 약자입니다. 이 버튼을 누르면 차가운 바람을 만드는 컴프레서가 작동하고, 자동차 에어컨에서 시원한 바람이 나옵니다. 컴프레서는 제습 기능까지 제공하기 때문에 겨울철에 히터를 사용할 때, A/C 버튼을 누르면 실내 습기를 제거할 수 있습니다.

A/C 버튼의 사용법

A/C 버튼을 눌렀을 때 인디케이터에 불이 들어오면 작동하고, 한 번 더 눌러 불이 꺼지면 작동을 멈춥니다.

A/C 버튼이 켜진 상태

A/C 버튼이 꺼진 상태

A/C 버튼의 작동 원리

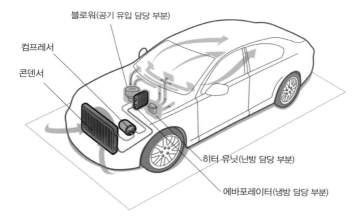

블로워(공기 유입 담당 부분)

컴프레서

콘덴서

히터 유닛(난방 담당 부분)

에바포레이터(냉방 담당 부분)

TIP

송풍 온도를 최저로 낮추면 자동차는 운전자가 에어컨 작동 의지가 있다고 판단해 A/C를 자동으로 활성화합니다.

운전석과 동승석, 뒷좌석의 에어컨 온도를 똑같게 설정하려면

싱크(SYNC) 버튼을 누릅니다. 싱크 버튼을 눌러 표시등에 불이 들어오면, 운전석 에어컨의 온도 설정이 동승석과 뒷좌석에도 동시에 적용됩니다. 이때 운전석의 온도를 조절하면 동승석과 뒷좌석의 온도도 같이 조절됩니다.

운전석과 동승석, 뒷좌석의 에어컨 온도를 다르게 설정하려면

역시 싱크 버튼을 누릅니다. 싱크 버튼을 눌러 표시등이 꺼지면, 운전석과 동승석과 뒷좌석의 에어컨 온도를 독립적으로 제어할 수 있습니다.

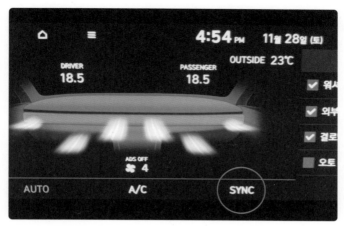

싱크 버튼이 작동 중인 상태

77

공기 청정 모드 버튼
차 안에 깨끗한 공기를 불어넣는다

차량 내부의 공기가 답답하게 느껴진다면

공기 청정 모드 버튼을 누릅니다. 이 버튼은 실내 공기를 정화하는 기능이 있습니다. 에어컨 필터를 사용해서 차량의 실내 공기를 깨끗한 상태로 유지합니다.

공기 청정 모드 버튼의 사용법

1. 공기 청정 모드 버튼이 있는 경우 : 공기 청정 모드 버튼을 누르면 기능이 작동합니다.
2. 공기 청정 모드 버튼이 없는 경우 : 내기 순환 모드 버튼을 2초 이상 누르면, 내기 순환 모드 버튼이 깜빡이고 A/C가 작동하면서 공기 청정 모드가 실행됩니다.

 공기 청정 모드는 실내 공기를 에어컨 필터에 통과시켜 정화하는 방법입니다. 에어컨 필터를 주기에 맞게 점검하고 교체해야 효과를 제대로 볼 수 있습니다.

SOS 버튼
긴급 구난 센터에 연락을 취한다

위급 상황에 급박하게 연락해야 한다면

SOS 버튼을 누릅니다. 사고나 자연재해 또는 긴급 주유 및 정비가 필요한 경우에 누르면 112, 119, 보험사가 연계하여 필요한 조치를 취합니다.

SOS 버튼의 사용법

위급 상황이 발생하면, 차량 룸미러 부분에 있는 SOS 버튼을 누릅니다. 에어백이 전개된 경우라면 긴급 구난 센터로 사고 접수가 자동으로 이뤄지고 112, 119, 보험사에 출동 요청이 들어갑니다.

 긴급 상황에만 사용해야 합니다. 평소에는 사용하지 않도록 조심합시다.

송풍 방향 조절 버튼
원하는 방향으로 바람이 간다

원하는 방향으로 에어컨·히터 바람이 오지 않는다면

송풍 방향 조절 버튼을 사용합니다. 에어컨이나 히터의 바람을 몸 쪽이나 양발의 한쪽, 혹은 두 쪽 방향으로 오도록 할 수 있습니다.

송풍 방향 조절 버튼의 사용법

버튼을 누를 때마다 바람 방향이 바뀝니다. 1회 누르면 운전자 몸 쪽, 2회 누르면 운전자 몸 쪽과 발 쪽, 3회 누르면 발 쪽에만, 4회 누르면 앞유리와 발 쪽으로 바람 방향이 바뀝니다.

사진을 보면서 송풍 방향 조절 버튼을 누를 때마다 바람이 실제 어디로 부는지 알아봅니다.

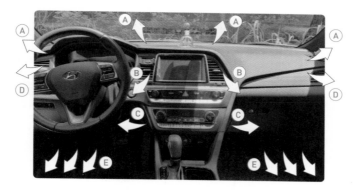

노브	작동	바람 나오는 방향
	운전자의 상반신과 얼굴 쪽으로 바람이 나옵니다.	Ⓑ, Ⓓ
	운전자의 얼굴 쪽과 발 쪽에 바람이 나옵니다.	Ⓑ, Ⓒ, Ⓓ, Ⓔ
	운전자의 발 쪽으로 바람이 나옵니다. 습기 차는 일을 예방하려고 앞유리 쪽으로도 바람이 약간 나옵니다.	Ⓐ, Ⓒ, Ⓓ, Ⓔ
	운전자의 발 쪽과 앞유리 쪽에 바람이 나옵니다. 발 쪽으로 바람이 나오게 하면서 앞유리에 찬 습기를 제거할 때 사용합니다.	Ⓐ, Ⓒ, Ⓓ, Ⓔ

TIP 효과적인 실내 냉난방을 하려면 다음과 같이 바람 방향을 설정합니다. 겨울철 난방을 할 때는 발 아래쪽으로, 여름철 냉방을 할 때는 탑승자 몸 쪽으로 바람이 불게 합니다.

차량 안으로 불쾌한 냄새가 들어온다면

자동차 내기 순환 버튼을 누릅니다. 이 버튼은 차량의 내부 공기를 순환시킵니다. 차 안으로 외부 공기가 들어오는 것을 막는 것입니다. 대기 오염도가 높은 터널 혹은 먼지가 많거나 냄새가 많이 나는 구간을 지날 때 사용합니다. 물론 미세먼지가 많은 날에도 유용합니다.

자동차 내기 순환 버튼의 사용법

사용 방법은 간단합니다. 내기 순환 버튼을 누르면 내기 순환 모드가 설정되고, 한 번 더 누르면 외기 순환 모드로 설정됩니다.

내/외기 순환 버튼의 원리

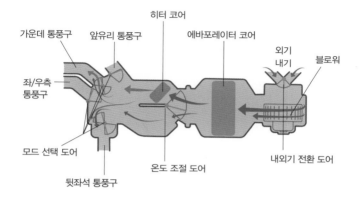

가운데 통풍구　앞유리 통풍구　　히터 코어　　에바포레이터 코어　　외기
내기　블로워

좌/우측
통풍구

모드 선택 도어　　　　　온도 조절 도어　　내외기 전환 도어

뒷좌석 통풍구

외기 유입 시 공기의 흐름

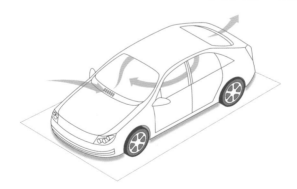

TIP　내기 순환 모드를 장시간 설정하면, 차량 내부의 이산화탄소 농도가 높아져 졸음운전의 원인이 될 수 있습니다. 외부 공기가 쾌적할 때 주기적으로 외기 순환 모드를 설정해 탁해진 실내 공기를 순환시킵시다.

공회전을 줄여서 연비를 높이고 싶다면

오토 스톱 오프(AUTO STOP OFF) 버튼을 확인해서 오토 스톱 기능을 켭니다. 신호 대기 또는 정차 중에 공회전을 하면 연료를 계속 소모해서 연비 하락이 일어납니다. 오토 스톱 기능을 켜면 차량이 신호 대기나 정차를 할 때 엔진을 멈춥니다. 이때 가속페달을 밟으면 시동이 자동으로 켜져서 연료를 절감하게 해줍니다.

오토 스톱 오프 버튼의 사용법

차량 중앙 버튼부 또는 센터 콘솔부에 있는 'A/OFF' 버튼을 확인합니다. 인디케이터에 불이 들어오지 않으면 오토 스톱 기능이 켜진 상태, 버튼을 눌러 불이 들어오면 기능이 꺼진 상태입니다.

오토 스톱 기능이 켜진 상태

오토 스톱 기능이 꺼진 상태

오토 스톱 기능이 켜진 상태라면 계기판에 표시된다.

TIP 오토 스톱 기능은 특정 조건이 충족되어야만 작동합니다. 차량 문이나 후드가 열려 있는 경우, 안전띠를 착용하지 않은 경우, 차량이 주행 중 가다 서기를 자주 반복하는 경우라면 해당 기능이 작동하지 않을 수 있습니다.

자꾸 브레이크를 밟는 게 귀찮고 힘들다면

오토 홀드(AUTO HOLD) 버튼을 누릅니다. 정체가 심한 고속도로 주행 또는 장시간 신호를 기다리는 상황에서 브레이크를 밟았다 떼었다 하는 행동은 운전자에게 상당한 피로로 다가옵니다. 이때 오토 홀드 버튼을 사용하면, 브레이크에서 발을 떼도 차가 앞으로 나아가지 않습니다. 이 기능을 해제하려면 가속페달을 밟으면 됩니다.(차가 앞으로 나아갑니다.) 브레이크를 밟지 않아도 브레이크 기능을 유지하는 버튼입니다.

오토 홀드 버튼의 사용법

1. 차량 중앙 버튼부 또는 센터 콘솔부에 있는 오토 홀드 버튼을 누릅니다.
2. 계기판에 오토 홀드 표시등이 흰색으로 뜨는지 확인합니다.(준비 상태)
3. 주행 중 브레이크를 밟아 차가 완전히 정지하면 오토 홀드 표시등이 녹색으로 변하며, 이때 브레이크에서 발을 떼더라도 브레이크가 계속 유지됩니다.

① 오토 홀드 버튼 누름 → 계기판 AUTO HOLD 표시등 확인(흰색, 작동 대기 상태)

② 브레이크 페달을 밟고 차가 멈추면 오토 홀드 기능 활성화(녹색, 작동 중인 상태)

TIP 운전석 문이나 후드, 트렁크가 열려 있다면 안전을 위해 오토 홀드 기능이 작동하지 않습니다.

핸들·시트 열선(통풍) 버튼
추운 날 핸들·시트를 따뜻하게 만든다

핸들과 시트를 따뜻하게 데우고 싶다면

핸들·시트 열선(통풍) 버튼을 누릅니다. 여름철에 에어컨을 작동시
키듯, 겨울철에는 핸들·시트 열선을 작동시킵니다. 이 버튼을 누르면
핸들과 시트의 열선이 가열되어 운전자의 손과 몸을 따뜻하게 해줍
니다.

핸들·시트 열선(통풍) 버튼의 사용법

1. 핸들 열선 : 핸들 열선 버튼을 누르면 핸들이 서서히 따뜻해집니다.
2. 시트 열선 : 시트 열선 버튼을 누르면 시트가 서서히 따뜻해집니다.

버튼에 불이 들어오는 개수가 많을수록 열선의 세기가 강해지며,
버튼을 계속 눌러 세기를 조절합니다.

3. **시트 통풍** : 시트 통풍 버튼을 누르면 시트가 서서히 시원해집니다.
버튼에 불이 들어오는 개수가 많을수록 통풍의 세기가 강해지며,
버튼을 계속 눌러 세기를 조절합니다.

주차하면서 주변에 무엇이 있는지 파악하려면

PAS 버튼을 누릅니다. 이 버튼을 누르면 주차 거리 경고 시스템이 작동합니다. 주차 거리 경고 시스템은 차량에 부착된 센서를 이용해 차량 전후방과 일정 거리 이내에 있는 물체 사이의 거리를 감지해서 경보합니다.

주차할 때 차량 주변에 어떤 지형지물이 있는지 확인하기 힘들 때가 있습니다. 이때 주차 거리 경고 시스템의 경보음을 활용하면 안전하게 주차할 수 있습니다. 다만 센서의 감지 범위는 한정적이며 오작동 가능성도 있습니다. 항상 경고 시스템이 없다고 생각하고 신중하게 주차해야 합니다.

PAS 버튼의 사용법

1. 시동이 걸린 상태에서 PAS 버튼을 누르면 버튼 표시등이 켜지고, 전진 또는 후진할 때 해당 기능이 작동합니다. (R[후진] 기어를 넣으면 자동으로 작동합니다.)
2. 속도가 10km/h 이상이 되면 경보를 울리지 않고, 20km/h 이상이 되면 해당 시스템이 작동하지 않습니다.

주차 거리 경고 센서의 위치

TIP 주차 거리 경고 시스템은 센서가 결빙되거나 이물질이 꼈을 때 또는 주변 환경이 센서 작동을 방해할 때 정상적으로 작동하지 않을 수 있습니다. 맹목적으로 믿는 것은 위험합니다.

브레이크 없이 내리막길을 내려오고 싶다면

경사로 저속 주행 버튼을 누릅니다. 경사가 심한 내리막길이 길게 이어진 경우, 오랜 시간 풋 브레이크를 밟아야 합니다. 오랜 시간 브레이크를 계속 밟으면 과열로 인해 브레이크 장치가 고장 나는 위험한 상황이 일어날 수 있습니다. 이때 경사로 저속 주행 버튼을 사용하면, 브레이크를 밟지 않아도 자동으로 차 속도를 일정하게 유지할 수 있습니다.

경사로 저속 주행 버튼의 사용법

차량 중앙 버튼부 또는 센터 콘솔부에 있는 경사로 저속 주행 버튼을
누르면 해당 기능이 활성화합니다.

경사로 저속 주행 버튼을 누름

계기판에서 표시 확인

TIP 긴 내리막길을 주행할 때, 차량에 경사로 저속 주행 기능이 없다면
엔진 브레이크를 활용하는 것도 좋습니다. 브레이크를 보호하고 속도
를 효과적으로 감속하는 대안이 됩니다.

주차하면서 주변의 지형지물을 눈으로 확인하려면

SVM(Surround View Monitor) 버튼을 누릅니다. 시동을 켠 후 변속기 레버가 N 또는 D인 상태에서 SVM 버튼을 누르면 전방 SVM이 작동합니다. 화면에 표시되는 좌측 메뉴 설정을 이용하면 전방, 좌우, 탑 뷰 등 모드를 변경할 수 있습니다. 후방 SVM은 시동을 켠 후 변속기 레버를 R 위치에 놓으면 작동합니다.

SVM의 카메라는 넓은 시야를 확보하려고 보통 광각렌즈를 장착합니다. 따라서 화면에 보이는 거리와 실제 거리 사이에 다소 차이가 있습니다. 안전을 위해 반드시 후방과 좌우 시야를 직접 확인해야 합니다.

SVM 버튼의 사용법

시동이 걸린 상태에서 변속레버를 D, N, R 위치에 놓고 SVM 버튼을 누릅니다. 15km/h 이하로 주행할 경우 화면이 켜집니다. SVM 버튼을 다시 누르거나, 15km/h 이상으로 주행할 경우 화면이 꺼집니다.

시동이 꺼진 상태에서 이중 주차를 하고 싶다면

시프트 록 릴리스(Shift Lock Release) 버튼을 누릅니다. 자동변속기 차량은 시동이 꺼지면 변속레버가 P단에서 움직이지 않습니다. 이중 주차(주차된 차량 주위에 다른 차량을 주차하는 일)를 하고 싶다면, 이 버튼을 누르고 자동변속기를 P(주차)에서 N(중립)으로 옮깁니다. 그래야 필요한 경우에 차량을 이동시킬 수 있습니다.

시프트 록 릴리스 버튼의 사용법

1. 주차할 곳에 차를 정차한 후, P단에 놓고 시동을 끕니다.
2. 시프트 록 릴리스 버튼을 누른 상태에서 변속 레버를 P에서 N으로 옮깁니다.

P단에 놓고 시동 끄기

시프트 락 릴리스 버튼을 누른 채로 N단으로 이동

 TIP 1 일부 차종의 경우 커버를 열고 시프트 록 릴리스 버튼을 눌러야 합니다.

 TIP 2 손가락으로 누르기 힘든 차의 경우, 차 열쇠 또는 드라이버를 이용하면 편리합니다.

+/− 버튼
자동변속기를 수동으로 조작한다

직접 변속기의 단수를 조절하고 싶다면

+/− 버튼을 누릅니다. 자동변속기는 D단으로 놓으면 차가 알아서 변속 단수를 조절하지만, 이 버튼을 이용하면 운전자가 직접 변속기의 단수를 조절할 수 있습니다. 이 기능을 이용해 '수동 모드' 기능을 켭니다.

(+)는 수동으로 단수를 높일 때 사용합니다. 빙판길 같은 미끄러운 노면에서 구동력이 센 1단으로 출발하면 차가 미끄러질 위험이 있습니다. 이때 안전하게 출발하려면 (+) 수동 모드를 사용해 단수를 높입니다.

(−)는 수동으로 단수를 낮출 때 사용합니다. 긴 내리막에서 풋 브

레이크에 의존해 감속하면, 브레이크가 과열되어 브레이크가 말을 듣지 않는 위험에 처할 수 있습니다. 이때 (-) 수동 모드로 기어 단수를 낮추면, 엔진 힘으로 감속할 수 있어 안전하게 내리막길을 주행할 수 있습니다.

+/- 버튼의 사용법

1. D단에서 좌측으로 변속레버를 젖힙니다.
2. 변속레버를 위(+) 또는 아래(-)로 움직여 수동으로 변속 단수를 조절합니다.

변속레버를 D단에서 좌측으로 밀기

위로(+) 밀어 변속 단수 올리기

아래로(−) 밀어 변속 단수 내리기

TIP 일부 차종의 경우 스티어링 휠(핸들) 양옆에 레버가 있어서 더 쉽고 빠르게 변속 단수를 조절할 수 있습니다. 핸들 양옆에 있는 단수 조절 장치를 '패들 시프트'라고 부릅니다.

패들 시프트의 모습

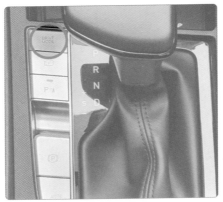

원하는 주행 스타일로 운전하고 싶다면

드라이브 모드 버튼을 누릅니다. 이 버튼을 누르면, 자동차 구동을
제어해서 원하는 주행 스타일로 바꿀 수 있습니다. 제조사별로 조금
씩 다르지만 크게 세 가지 모드가 있습니다.

승차감을 중시하는 '컴포트 모드', 스포티한 주행을 돕는 '스포츠
모드', 높은 연비를 유지할 수 있는 '에코 모드'입니다.

차량 중앙 버튼부 또는 센터 콘솔부에 '드라이브 모드' 버튼을 누릅니다. 버튼을 누를 때마다 주행 모드가 바뀌며 현재 설정된 모드가 계기판에 표시됩니다.

드라이브 모드 버튼 누르기

컴포트 모드(승차감)

스포츠 모드(스포티함)

에코 모드(연비)

스마트 모드

다양한 드라이브 모드

TIP 최근 출시되는 차량의 드라이브 모드는 위에서 설명한 세 가지 모드 외에도 MUD, SAND, SNOW 모드 등 다양한 환경에 최적화한 차량 세팅을 제공합니다.

타이어 공기압을 점검하고 보충하려면

공기압 점검 아이템인 TMK(Tire Mobility Kit)를 이용합니다. 차 트
렁크 매트를 들면 네모난 모양의 키트가 보입니다. 이것이 바로 TMK
입니다.

장거리 운전 전이나 추운 겨울철에 타이
어 공기압을 점검하면 좋습니다. TPMS 경고
등이 들어왔거나 타이어가 펑크 났을 때, 이
키트를 이용하면 타이어에 공기를 주입할
수 있습니다. 다만 차종에 따라 TMK가 없기
도 합니다.

TPMS 경고등

차 트렁크에 들어 있는 네모난 모양의 키트

TMK의 사용법

1. 우선 TMK를 사용하기 전, 운전석 아래쪽 또는 연료 주입구에서 차량의 공기압을 확인합니다.
2. TMK를 꺼낸 후 호스를 타이어에 연결합니다. (TMK 겉면에 부착된 설명서를 읽으면 이해가 쉽습니다.)
3. TMK로 타이어 공기압을 점검하거나 타이어 공기압을 보충합니다. TMK에는 타이어 펑크를 임시로 메우는 실런트도 있습니다. 공기압을 보충할 때 실런트를 주입하지 않도록 주의합니다.

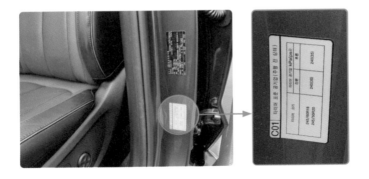

TIP

만약 TMK가 없다면?

① 세차장이나 주유소에 있는 무료 공기 주입기를 사용합니다. 자주 가는 주유소나 세차장에 타이어 공기 주입기가 있는지 살펴봅시다.

② 고속도로 휴게소에 배치한 공기 주입기를 사용합니다. 고속도로 휴게소의 셀프서비스 코너에 여러 가지 무료 시설과 함께 타이어 공기 주입기가 설치되어 있습니다.

③ 가까운 마트 정비소 또는 동네 정비소를 이용합니다. 가까운 정비소에 가서 부탁하면 대부분 무료로 주입기를 이용할 수 있습니다.

안전하게 주차하고 싶다면

주차 브레이크를 반드시 사용합니다. 주차나 정차를 할 때, 주차 브레이크는 차를 안전하게 멈추도록 돕습니다. 가장 기본 형태는 레버식 주차 브레이크이며 페달식, 전자식 등이 있습니다.

주차 브레이크의 사용법

1. 차가 정지한 상태에서 브레이크 페달을 밟습니다.
2. 페달을 밟은 상태에서 변속레버를 P 위치에 둡니다.
3. 페달을 밟은 상태에서 주차 브레이크를 체결합니다.

주차 브레이크의 종류

레버식 주차 브레이크

페달식 주차 브레이크

전자식 주차 브레이크

TIP 브레이크를 밟은 상태에서 주차 브레이크를 체결해야 P 기어에 무리를 주지 않고 차를 정지시킬 수 있습니다.

평지에서도 주차 브레이크를 채워야 할까요?

운전자 중 일부는 평지에서 주정차 시 주차 브레이크를 사용하지 않고 P 기어만 유지합니다. 육안으로는 평지처럼 보여도 경사가 진 경우가 있습니다. 이때 차가 움직여 위험한 상황이 생길 수 있고, P 모드 기어에 좋지 않은 영향을 줄 수도 있습니다. 그러니 주차할 때는 반드시 주차 브레이크를 사용하는 습관을 들이는 게 좋습니다.

P 기어와 주차 브레이크의 구조 차이

P 단에 변속레버를 넣으면 변속기 내부 파킹 기어에 고리가 걸리고, 이 때문에 변속기 장치가 움직이지 않습니다. 즉 바퀴를 고정하는 것이 아닙니다. 이와 달리 주차 브레이크는 바퀴를 직접 고정해 차량의 움직임을 제한합니다. 이 같은 차이가 있으므로 평지에서도 주정차를 할 때는 주차 브레이크를 사용하라고 권하는 것입니다.

변속기 P 모드
고리를 걸어 고정하는 방식

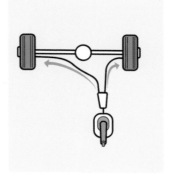

주차 브레이크
뒷바퀴를 직접 고정하는 방식

위급한 상황에 처했다면

비상등 버튼을 반드시 누릅니다. 비상등은 말 그대로 내 차가 '비상 상황'에 처했을 때 켜는 버튼입니다. 고장이나 사고 같은 문제가 생기면, 이 버튼을 켜서 뒤따라오는 차량에게 상황을 알립니다.

비상등 버튼의 사용법

뒤따라오는 차량에게 '비상 상황'을 알리는 용도 외에도 보통 다음과 같은 상황에 사용합니다.

전방 도로 정체

주행 중 전방에 장애물이 보이거나 공사와 사고 등으로 정체 상황이 발생하면 비상등을 켜주세요. 이는 뒤따라오는 차량에게 주의하라고 경고하는 역할을 합니다.

협소한 곳에 주차

아파트, 백화점, 마트 등의 지하 주차장에 주차할 경우에도 비상등을 켜면 좋습니다. 주차 자리를 찾다가 주차를 시도할 때 비상등을 켜면, 다른 운전자에게 '주차 중이니 주의해주세요.'라는 의사를 전달할 수 있습니다.

악천후로 인한 저속 주행

안개, 폭설, 폭우와 만난 상황에서는 앞차도 잘 보이지 않습니다. 이때 비상등을 사용해 자신의 존재를 알리거나, 저속 주행을 하고 있다는 상황을 전달합니다. 악천후에서는 비상등까지 켜야 서로의 존재를 인지하기가 쉽습니다.

양보해준 운전자를 향한 감사 표현

차선 변경이나 도로 합류 같은 상황에서 양보해준 차량이 있다면, 그 차량을 향해 감사 표시로 비상등을 사용합니다. 사실 비상 상황을 알리는 본래 의미와는 거리가 멀지만, 우리나라 운전자 대부분은 비상등을 감사의 의미로 자연스레 사용합니다.

헤드레스트 분리 레버
머리받이의 높낮이를 조절한다

머리받이의 높낮이를 조절하고 싶다면

사진에 보이는 레버를 이용해서 헤드레스트(머리받이)의 높낮이를 조절합니다. 또한 시트에서 헤드레스트를 분리할 수도 있습니다. 차에서 긴급하게 탈출해야 하는 상황이라면 분리한 헤드레스트를 유리창을 깨부수는 데 사용합니다.

헤드레스트 분리 레버의 사용법

사용법은 간단합니다. 레버를 누른 상태에서 헤드레스트를 들어 올리거나 내려서 알맞게 놓습니다. 끝까지 들어 올리면 헤드레스트가 분리됩니다.

① 헤드레스트 분리 레버 누름

② 누른 상태로 높낮이 조절

③ 헤드레스트 분리하기

④ 유리창 가장자리부터 깨서 탈출하기

TIP 1
비상 탈출 시에는 상대적으로 약한 유리창의 가장자리 부분을 깨야 원활한 탈출이 가능합니다.

TIP 2
만일을 대비해 차 실내에 비상 탈출용 망치를 갖추는 것이 더욱 안전합니다.

후드 오픈 레버
보닛을 열어 엔진룸을 확인한다

엔진룸을 직접 눈으로 확인하고 싶다면

후드 오픈 레버를 사용합니다. 이는 보닛(후드)을 여는 레버입니다.
운전석 페달의 왼쪽 또는 계기판 왼쪽에 있습니다. 종종 엔진오일을
점검하거나 워셔액 또는 냉각수를 보충할 일이 생깁니다. 이때 레버
를 이용해 엔진룸을 열어봅니다.

후드 오픈 레버의 사용법

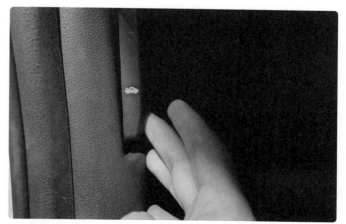

① 보닛 레버를 앞으로 잡아당깁니다.

② 레버를 잡아당기면 후드에 사진에서 보듯 틈이 생깁니다. 틈 사이에 있는 레버를 당겨 보닛을 위로 들어 올립니다.

③ 좌측에 있는 지지대를 찾아 빼냅니다.

④ 빼낸 지지대를 홈에 끼워 넣어 보닛을 고정합니다.

엔진룸만 열어도 할 수 있는 간단한 차량 관리 방법

1. 워셔액 주입구 : 비 오는 날 우리를 지켜주는 와이퍼! 와이퍼에서 나오는 액체가 바로 워셔액입니다. 워셔액을 보충해야 할 때, 이곳의 뚜껑을 열어 워셔액을 보충합니다.
2. 엔진오일 레벨 게이지 : 이곳의 막대를 빼서 깨끗이 닦아낸 후 다시 넣었다 뺍니다. 엔진오일 잔여량과 오염도를 확인할 수 있습니다.
3. 냉각수 주입구 : 엔진의 열을 식혀주는 냉각수. 냉각수를 보충해야 할 때, 이곳의 뚜껑을 열어 냉각수를 직접 보충합니다.

스마트키
방전된 스마트키로 차 문을 연다

스마트키가 방전됐는데 차 문을 열어야 한다면

스마트키를 3~4년 정도 사용했다면 배터리가 방전될 시기가 도래합니다. 갑작스레 스마트키 배터리가 방전되어 차 문을 열 수 없다면, 다음 방법을 이용합니다.

비상키로 문 여는 방법

1. 스마트키에 돌출된 작은 버튼을 누릅니다.
2. 버튼을 누른 채 윗부분을 당기면 비상키를 꺼낼 수 있습니다.
3. 스마트키에서 꺼낸 비상키로 차 문을 열 수 있습니다. 만약 열쇠 구멍이 보이지 않을 때는 손잡이 오른쪽 캡을 벗깁니다. 그러면 열쇠 구멍을 찾을 수 있습니다.

스마트키로 시동 거는 방법

방전된 스마트키로 시동을 거는
방법은 생각보다 간단합니다. 스
마트키의 윗부분을 스타트 버튼
에 갖다 대고, 스마트키로 스타
트 버튼을 밀어주면 시동이 걸
립니다.

　만약 스마트키로 스타트 버튼
을 눌러도 시동이 걸리지 않는다면, 스마트키 홀더를 찾아 키를 꽂고
시동을 걸어주면 됩니다. (스마트키 홀더 위치는 차종마다 다릅니다.
매뉴얼을 찾아 꼭 확인하기 바랍니다.)

스마트폰 무선 충전 거치대
간편하게 스마트폰을 충전한다

운전하면서 스마트폰을 충전하고 싶다면

스마트폰 무선 충전 거치대를 사용합니다. 본인의 스마트폰이 무선 충전 기능을 갖추고 있다면 차량에 있는 무선 충전 거치대를 이용할 수 있습니다. 무선 충전 거치대에 스마트폰을 올려놓으면 무선 충전이 시작됩니다.

무선 충전 거치대의 사용법

1. 시동을 건 상태에서 설정에 들어가 무선 충전 시스템을 켭니다.
2. 무선 충전 거치대에 스마트폰을 올려둡니다. (다른 물건은 올려놓지 마세요.)
3. 충전이 시작되면 주황색 표시등이 들어오고, 충전이 완료되면 표시등이 녹색으로 변합니다.

무선 충전 기능에 이상이 있다면

무선 충전에 이상이 생기면 주황색 표시등 이 깜빡입니다. 이런 경우, 다시 충전을 시도 하거나 충전 상태를 확인하는 일이 필요합 니다. 무선 충전 거치대에 스마트폰이 있는  데, 시동을 끈 후 차 문을 열면 "휴대폰이 무선 충전기에 있습니다." 라는 음성과 함께 계기판에 메시지가 표시됩니다. 만약 무선 충전이 지원되지 않는 스마트폰이라면 무선 충전 지원 케이스 또는 패치를 구입해서 스마트폰에 부착합니다. 그러면 무선 충전 기능을 사용할 수 있습니다.

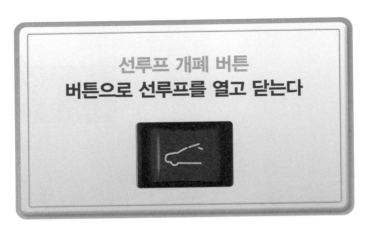

손쉽게 선루프를 여닫고 싶다면

선루프 개폐 버튼을 누릅니다. 이 버튼은 선루프를 틸트 또는 슬라이드 상태로 완전히 열 때 사용합니다. 시동을 켠 상태에서 조작이 가능하며, 시동을 끈 상태에서도 약 10분 동안 선루프를 조작할 수 있습니다. 단, 시동이 꺼진 상태에서 차 문을 열면 선루프를 여닫을 수 없습니다.

슬라이드 상태로 여닫기

선루프 개폐 버튼을 뒤로 당기면 선루프가 뒤쪽으로 이동하면서 열리고, 앞으로 밀면 선루프가 앞쪽으로 이동하면서 닫힙니다. 선루프 개폐 버튼을 두 번째로 걸리는 위치까지 강하게 뒤로 당기면 원터치로 선루프가 뒤쪽으로 이동하면서 열리고, 강하게 앞으로 당기면 선루프가 앞쪽으로 이동하면서 닫힙니다. 원터치 기능이 작동 중일 때 버튼을 살짝 밀거나 당기면 정지합니다.

틸트 상태로 여닫기

선루프 개폐 버튼을 위로 누르고 있으면 선루프가 살짝 기울어진 상태로 열립니다. 닫을 때는 버튼을 앞으로 밀며, 선루프가 완전히 닫힌 상태에서만 틸트 상태로 여닫을 수 있습니다.

슬라이드 오픈 상태

틸트 상태

알아두면 쓸모 있는 자동차 버튼

차량 관리 앱 '마이클'의 마케팅 업무를 담당하면서 자동차 콘텐츠를 인터넷상에 연재해왔다. 그간 꽤 다양한 차량 관리 정보를 인터넷에 올렸는데, 이를 정리해 책으로 출판하면 좋겠다는 생각을 했다. 그러다 출판사의 출간 제의가 들어왔다. 자동차 전문 칼럼보다 쉽게 자동차 기능을 설명하는 마이클의 콘텐츠를 긍정적으로 본 것이다.

우리 콘텐츠의 가치를 알아본 사람이 있다는 사실에 깜짝 놀랐고, 정말 감사한 마음으로 출간 작업을 시작했다. 자동차의 어떤 기능이 어느 상황에 도움이 될지, 또 이 정보를 어떻게 전달해야 할지 신경 쓰며 원고를 썼다. 이 과정에서 팀원들과 많이 소통했다. 다시 한번 자동차에 대해 배웠고, 미처 챙기지 못한 모자란 부분을 그들 덕분에 채웠다. 정말 고맙다는 말을 전하고 싶다.

운전자가 평소에 차를 운전하면서 만나는 궁금증에는 자동차 기능뿐만 아니라 여러 가지가 있다. 그 가운데 이 책은 운전자의 가장 가까운 곳에서 중요한 역할을 하는 '자동차 버튼'에 집중했다. 편이성은 물론이고 운전자의 생명과 안전에 영향을 주는 버튼의 기능을 정리해 실었다. 《자동차 버튼 기능 교과서》가 운전자에게 쓸모 있는 책이 되기를 바란다.

이진호 · 문다빈

버튼 하나로 목숨을 살리는

자동차 버튼 기능 교과서

1판 1쇄 펴낸 날 2021년 1월 15일

지은이 마이클(이진호·문다빈)
주 간 안정희
편 집 윤대호, 채선희, 이승미, 윤성하, 이상현
디자인 김수혜, 이가영, 김현주
마케팅 함정윤, 김희진

펴낸이 박윤태
펴낸곳 보누스
등 록 2001년 8월 17일 제313-2002-179호
주 소 서울시 마포구 동교로12안길 31 보누스 4층
전 화 02-333-3114
팩 스 02-3143-3254
이메일 bonus@bonusbook.co.kr

ISBN 978-89-6494-472-1 13550